は公布され、パブリックコメントは公表されましたが、ガイドラインは提示されておらず、具体的に何が規制されるのか、どういうことが違反行為なのかは必ずしも明らかではありません。

そこで、液石ＷＧ等を通じ改正の方向が公開されたこの１年程度の間に、私のところに寄せられた質問や相談と回答内容を、４月２日に公布された改正省令や４月５日のパブリックコメントの結果などをもとに整理してみました。

公布されたばかりでガイドラインも提示されていませんので、「改正省令の趣旨からはこのように考えられる」としか回答できないところもありますが、今回の改正がＬＰガス事業者全体の信頼獲得という本来の目的に沿って運用されるよう、本冊子は、まずはその叩き台をお示ししたとご理解ください。本文の最後に記したように、追加情報についてはホームページ等に記載し、読者のご質問等にも追加でお答えしていきます。

2024 年 4 月 20 日

編・著者　弁護士　松山　正一

INDEX

はじめに ……………………………………………………………… 2
1 改正の概要 …………………………………………………… 6
　Q 今回の省令改正の目的とポイントは？ ……………………………6
　Q 現行契約への影響は？ ………………………………………………8
　Q 罰則は？ ………………………………………………………………9
　Q 改正の実効性は？ …………………………………………………10
　Q 改正対応での切替中止はできるか？ ……………………………11

2 過大な営業行為について ………………………… 14
　Q 過大な営業行為とは？ ……………………………………………14
　Q 供給設備の買取契約は？ …………………………………………15

3 三部料金制について ……………………………… 16
　Q 三部料金制の徹底とは？ …………………………………………16
　Q 現在の二部料金制の取り扱いは？ ………………………………17
　Q 設備料金の内容は？ ………………………………………………18
　Q 設備料金の算定方法は？ …………………………………………19

4 ＬＰガス料金の情報提供 ………………………… 20
　Q ＬＰガス料金の情報提供とは？ …………………………………20

5　現行契約について　　21
- Q　施行日前の無償貸与契約への影響は？　　21
- Q　無償配管前提の契約の今後の効力は？　　22
- Q　現契約の「自動更新」後は？　　23
- Q　現状の紹介料の約束は？　　23

6　新規契約について　　25
- Q　新規契約の注意点は？　　25
- Q　不動産会社等からの要求があったら？　　27
- Q　新規の無償貸与の契約の効力は？　　28
- Q　ガス器具の1円販売や安値販売の効力は？　　29
- Q　オーナーへの容器設置料は？　　31
- Q　戸建での無償貸与の効力は？　　31

7　設備・機器の費用回収　　33
- Q　ガス料金以外の設備費用の回収方法は？　　33

8　関連資料　　35

1　改正の概要

Q 今回の省令改正の目的とポイントは？

　2024年4月2日に公布された「液化石油ガスの保安の確保及び取引の適正化に関する法律施行規則の一部を改正する省令」の目的と、理解すべきポイントはどのようなことでしょうか。

A LPガスの商慣行を是正するための新たな規律です。

　これまでＬＰガス業界では、無償貸与の慣行により、ＬＰガス事業者は消費者との契約を囲い込むことができました。戸建住宅の建築者は、設備費用の負担がない分、建物代金を抑えることができましたし、賃貸住宅のオーナーは、家賃を抑えて入居率をあげることができました。
　一方で、ガス消費者となった建物購入者や集合住宅の入居者は、ガスの消費と無関係の設備費用が上乗せされた、不透明で高いガス料金を支払っているという状況にありました。
　今回の省令改正は、この取引慣行を是正するために、ガス事業者に対して、（１）ガス取引を獲得するためや、ガス事業者の変更を困難にするための、過大な営業行為を制限し（施行規則１６条１５号の３から６）、（２）ガス料金の透明性と適正化のために三部料金制を徹底し（１５の７から９）、（３）賃貸住宅の入居者に対するガス料金の事前提示の努力義務（１５の２）を規定しました。

（1）、（2）の取締規定については、その実効性を確保するために、罰則規定のある条文に位置づけました。（1）（2）（3）の内容は、別記（「改正省令」の概要）の通りです。改正省令は、2024年（令和6年）4月2日に公布され、（1）（3）は同年7月2日、（2）は2025年（令和7年）4月2日に施行されます。

液化石油ガス法「改正省令」の概要（2024年4月2日）

1 過大な営業行為の制限

▶ 改正省令の公布から**3カ月後**（2024年7月2日）施行。

- **正常な商慣習を超えた利益供与の禁止。**（改正省令第16条第15号の3、4）
- 消費者の事業者選択を阻害するおそれのある、**LPガス事業者の切替えを制限するような条件付き契約締結等の禁止。**（改正省令第16条第15号の5号、6号）

2 三部料金制の徹底（設備費用の外出し表示・計上禁止）

▶ 改正省令の公布から**1年後**（2025年4月2日）施行。

- 基本料金、従量料金、設備料金からなる三部料金制（**設備費用の外出し表示の徹底**）。（改正省令第16条第15号の7）
- 電気エアコンやWi-Fi等、**LPガス消費と関係のない設備費用のLPガス料金への計上禁止。**（改正省令第16条第15号の8）
- **賃貸向けLPガス料金**においては、ガス器具等の**消費設備費用についても計上禁止**（LPガス料金の算定の基礎となる項目を基本料金、従量料金、設備料金としたうえで、設備料金は「該当なし」と記載）。（改正省令第16条第15号の9）

（注）施行時点における消費者との液化石油ガス販売契約（既存契約）については、投資回収への影響等を鑑み、設備費用の計上自体は禁止せず、設備費用の外出し表示（内訳表示の詳細化）を求める。（改正省令附則第2条）その上で、新制度への早期移行を促していく。（改正省令附則第3条）

3 LPガス料金等の情報提供
▶ **改正省令の公布から3カ月後**（2024年7月2日）施行。

● 入居希望者への**LPガス料金の事前提示の努力義務**（入居希望者に直接又はオーナー、不動産管理会社、不動産仲介業者等を通じて提示）。（改正省令第16条第15号の2）

（注）入居希望者からLPガス事業者に対して直接情報提供の要請があった場合は、それに応じることが必要（義務付け）。（改正省令第16条第15号の2）

※**「過大な営業行為の制限」、「三部料金制の徹底」** 等義務にかかる規律については、**罰則規定**のある条文に位置付ける。

Q 現行契約への影響は？

改正省令の施行日前に締結された無償貸与契約等はどうなりますか。

A 過大な営業行為の制限（16条15号の3から6）は、施行日前に締結された無償貸与などの行為には適用されないので有効です。ただし、他の省令の施行の影響を受けて、契約内容を見直す必要が出てきます。

　過大な営業行為の制限に関する規律（16条15号の3から6）は、施行日後に過大な利益供与行為を行わないように求めた規定なので、施行日前の利益供与行為には適用されません。したがって、施行日前に締結された無償貸与契約には、この規定は適用されず、無償貸与は省令の利益供与行為には当たりません。

　しかし、三部料金制に関する消費設備費の外出し表示（15の7）は既

存契約にも適用されるので、消費者が設備料金で負担している設備費用の範囲や金額が不合理なものであることが分かった場合は、無償貸与契約の修正が必要になる可能性があります。例えば、消費者の設備料金に過大な営業利益が上乗せされていることが分かった場合、無償貸与契約の対象設備や精算金条項を是正して、消費者の設備料金を修正することが考えられます。パブリックコメントも、過大な営業行為が過去にあったとしても、それが消費者に不利益をもたらす可能性があるとすれば、適宜見直していくことが望ましいとしています。

Q 罰則は？

改正省令に違反した場合、どのような罰則が科せられますか。

A 勧告、命令、登録の取り消し、罰金。

過大な営業行為の制限の規律（１５号の３から６）と三部料金制の徹底のための規律（１５号の７から９）は、取締規定であり、その実効性を確保するために、液石法の既設の罰則規定が適用されます。

規律違反の行為は、販売方法の基準（法第１６条第２項　規則第１６条）に違反する疑いのある行為として、報告徴収（法第８２条）、立入検査（法第８３条）、勧告（法第１７条第１項）、勧告に従わないときは公表（法１７条第２項）、基準適合命令（法第１６条第３項）と進み、基準適合命令にも違反したときは、登録取消（法第２６条第４項）や３０万円以下の罰金（法１００条第１の２号）を科すことができるようになりました。

登録取消や罰金になるまでは段階を踏まなければならず、その前の段階

で、速やかに実効性のある措置を取れるかどうかが重要です。

なお、省令は、違反行為の効力について定めていません。取締規定違反の行為の効力については、規定の目的や事案の内容によって判断する必要があるとされています。例えば、営業免許のないタクシー運転でも運賃を請求できると考えられるのに対して、薬物取扱資格のない者の麻薬の売買は無効と考えられます。ＬＰガスの過大な営業行為の制限に反する行為の効力についても、取引適正化の目的との関係で、違反行為の効力について具体的に判断する必要があると考えられます。

Q 改正の実効性は？

今回の改正の実効性はあるのでしょうか。

A 通報フォームや公開モニタリングが準備されています。

資源エネルギー庁は今回の省令改正を実効あるものとするために、違反行為の事例を通報する「通報フォーム」を改正交付前から同庁ホームページに設置しています。

また事業者に対して「商慣行見直しに向けた取組宣言」を求めるとともに、ＬＰガス事業者・不動産事業者への制度改正の周知を図ったとしています。施行後は国による取り締まりを強化し、ＬＰガス事業者に対するフォローアップ調査や公開モニタリング（ワーキンググループ、地方懇談会等）で、効果検証を行い、違反行為の疑いがある場合は、立入検査等を行い、違反行為の程度が大きければ、登録取消や罰金が科される可能性があります。

Q 改正対応での切替中止はできるか?

　切替営業を行い委任状を取得しましたが、改正省令に照らし、切替中止を決めました。その旨を相手先オーナーに伝えたところ、先方から「一方的に中止するのは契約不履行」との指摘を受けました。賠償責任などはありますか。

A 損害賠償責任はないと考えます。

　切替の委任状の授受によって、切替手続の準委任契約が成立したといえますが、準委任契約は当事者の一方からいつでも解約することができるので（民法６５６条、６５１条１項）、ガス事業者切替中止の通知は有効です。

　ただし、オーナーに不利な時期に解約した場合には、損害賠償責任を負いますが、（民法６５１条２項１号）、今回の解約は、オーナーに特段不利な時期の解約ではなく、オーナーに何らかの損害が発生するとは考えられません。

　また、仮に何らかの損害が発生したとしても、今回の解約は、商慣習の見直しによる法令改正による「やむを得ない事由」による解約なので、この点からも損害賠償責任はないと考えられます。

【参考】改正法令の実効性確保のための方策

2023年12月1日、エネ庁HPに通報フォーム（匿名可）を開設

改正法令施行前

過大な営業行為の制限
- 商慣行見直しに向けた取組宣言（※1）
- 監視・通報体制の整備

- ＬＰガス事業者・不動産事業者への制度改正の周知

三部料金制の徹底
- 積極的に三部料金制の徹底を促す体制を構築（※2）

- ＬＰガス事業者に対するフォローアップ調査

ＬＰガス料金等の情報提供
- ＬＰガス事業者・不動産事業者に対する

関係省庁・団体等との連携
- 関係省庁（国土交通省、消費者庁、公正取引委員会等）との連携

※1 商慣行見直しに向けた取組宣言：各ＬＰガス事業者自らが改正制度を遵守することを宣言し、それをエネ庁が集約しHPで公表することで、消費者が宣言済みの事業者であるかどうかを知ることができるよう見える化

1 改正の概要

改正法令施行後	効果検証

- 国による取り締まりを強化し、違反があった場合は登録取消し、罰金等ＬＰガス事業者に対するフォローアップ調査
- 違反があった場合は立入検査

- 国による取り締まりを強化し、違反があった場合は登録取消し、罰金等
- 通常の立入検査時に実施状況を確認

（三部料金制の適用割合の公表を検討）

継続的なフォローアップ調査

- 通常の立入検査時に実施状況を確認

● **公開モニタリング（WG、地方懇談会等）**
→以下の内容を確認・議論し、改善につなげる
- ✓ 通報フォーム情報を集約・構造化した内容
- ✓ 「商慣行見直しに向けた取組宣言」の取組状況
- ✓ 大手事業者による商慣行是正に向けた取組状況（公開ヒアリング等）
- ✓ フォローアップ調査の結果
- ✓ 省庁間連携の取組状況

など

- 消費者委員会においてWGにおける取組状況を報告
- ＬＰガス地方懇談会（消費者団体、ＬＰガス事業者、関連団体、行政、学識経験者が一堂に会し意見交換等を行うことで、相互理解を深める会議体。毎年全国9ブロックで開催）を活用した機運の醸成。

※2 積極的に三部料金制の徹底を促す体制を構築：大手事業者をはじめ、改正制度の施行を待たず早期に対応できる事業者に対して、三部料金制への移行を促す

13

2 過大な営業行為について

Q 過大な営業行為とは？

制限される過大な営業行為とは、具体的にどのようなことを指しますか。

A 省令には、過大な営業行為の具体的な記載がないので、今後のガイドラインの内容等をもとに検討する必要があります。

　過大な営業行為の制限の規律（１５の３から６）について、どのような行為や契約条件等が「正常な商慣習を超えた利益供与」（１５の３、４）や、「切替を制限するような条件」（１５の５、６）に該当するかについて、一般的な判断基準を示すことは難しいとされています。これまでのワーキンググループの議論でも、違反行為を正常な商慣習違反とか切替制限条件といった行為の性質で示すこと（定性的）はできるが、数量化して示すこと（定量的）はできないとされています。また、過大な営業行為の禁止は取締規定なので、違反行為の効力について定めていません。したがって、違反行為の効力についても、取締の目的との関係で、具体的に判断する必要があります。

　パブリックコメントも、どのような行為や契約条件等が「正常な商慣習を超えた利益」（１５の３、４）や「切替えを制限するような条件」（１５の５、６）に該当し、液石法上の違反行為となるかについては、取引の内容や影響等、様々な要素を総合的に判断することになるところ、今後、改正

省令の施行に間に合うよう、ガイドライン等で違反のおそれのある行為の具体例や考え方等を示し、多数のLPガス事業者による改正制度の遵守を促していくこととするとしています。

したがって、今後提示されるガイドライン等をもとにして、違反行為の具体的内容を検討していくことになります。

供給設備の買取契約は？

賃貸物件の供給設備（調整器、メーター、バルク）の設置や交換費用をガス会社が負担してその所有物とし、契約終了時に精算（買取）を求める契約についても、改正省令の施行後は今後は解消した方がよいでしょうか。

買取条項は有効ですが、切替制限条件（15の5、6）に当たるかどうかの検討が必要です。

供給設備は、消費設備のように建物に付合せず、ガス事業者の所有物として設置して使用させ、契約期間終了後は撤去して回収するのが一般的ですが、撤去せずに売買することも可能です。しかし、対象設備の使用状況や使用年数からして、あまりに高額な買取条項は、建物所有者（オーナー）のガス事業者の選択を制限する切替制限条件（15の5、6）に当たる可能性があります。

3 三部料金制について

Q 三部料金制の徹底とは？

改正省令で示された三部料金制の徹底の目的は何ですか。

A 消費者にガスの消費と無関係の設備費用を負担させないための制度です。

　三部料金制の徹底は、消費者に不透明なかたちで、ＬＰガスの消費とは無関係の費用がＬＰガス料金に上乗せ回収されている現状を是正することが目的です。ガス事業者に対して、ガス料金の算定根拠を消費者に通知させて、消費者に、ガスの消費と無関係の設備費用や非ガス設備費用を負担させないようにしたものです。

　具体的には（１）基本料金、従量料金、設備料金からなる三部料金制（設備費用の外出し表示）の徹底（１５の７）、（２）消費者に対する電気エアコンやインターホン、Wi-Fi機器等、ＬＰガス消費と関係のない非ガス設備の設備費用の請求の禁止（１５の８）、（３）賃貸住宅の消費者に対するガス料金において、ガスの消費と直接関係のないガス器具等の消費設備費用の計上禁止です（１５の９）。（１）は新規契約・既存契約ともに適用となり、（２）（３）は新規契約のみ適用とし、既存契約ついては早期移行努力義務としています。（２）、（３）は消費者のガス料金から回収することを禁止した規定なので、建物所有者（オーナー）から回収することは、本規定の違反行為に当たりません。

3 三部料金制について

Q 現在の二部料金制の取り扱いは？

二部料金制を前提とした現在の契約も、省令改正後は三部料金制にしなければなりませんか。

A 三部料金制への移行が必要です。

改正省令は消費者のガス料金について、三部料金制を徹底して、設備費用の外出し表示（１５の７）、消費者に対する非ガス設備費用の請求禁止（１５の８）、賃貸住宅の消費者に対する消費設備費用の原則計上禁止（１５の９）を規定しました。

施行日は、公布から１年後の 2025 年（令和７年）４月２日です。１年空けたのは、過大な営業行為の制限の規定（１５の３から６）の施行によって、ガス事業者がガスの消費と無関係の設備費用を負担しなくてもすむような状況をすすめて、これらの設備費用が消費者のガス料金に転嫁されない状況にしたうえで、三部料金制を施行するのが効果的であること、三部料金制への移行に伴う料金システムの変更に要する時間を考慮したためです。

なお、設備費用の外出し表示は（１５の７）は、施行日前の既存契約と施行日後の新規契約のいずれにも適用されますが、ふたつの設備費用の請求禁止（１５の８、９）は、ガス事業者の投資回収に配慮して、施行日前の既存契約には適用されません（附則第２条）。

三部料金制の施行後は、料金表に、基本料金、従量料金、設備料金の記載をする必要があります。設備費用の支払いを受けていれば、「設備料金○○○円」と記載し、設備費用の支払いを受けていなければ、「設備料金０円」もしくは「設備料金なし」と記載することになります。

Q 設備料金の内容は？

三部料金制の設備料金はどのような内容にすればよいでしょうか。。

A 消費者（入居者）と合意がない設備費用や非ガス設備は請求できません。

　設備料金は、消費設備と非ガス設備（エアコン、ウォシュレットなど）の設備費用の請求です。これらの設備は本来建物所有者（オーナー）が負担すべきなので、建物所有者（オーナー）と消費者が異なる賃貸住宅においては、消費者との個別合意がない限り、消費設備費用を負担させることは禁止です（15の9）。戸建住宅については、建物所有者と消費者が同じなので、消費設備費用を建物所有者が設備代金として支払うか、消費者としてガス料金で支払うかの支払方法の違いに過ぎないので、設備料金で消費設備費用を負担させることができます（賃貸住宅の消費者に対する15の9のような規定が戸建住宅にはありません）。

　非ガス設備費用については、ガスの消費と全く無関係なので、賃貸住宅、戸建住宅を問わず、消費者に負担させることはできません（15の8）。しかし、この規定は、消費者から回収することを禁止したものなので、建物所有者（オーナー）から設備費用を回収することは本規定の対象外です。したがって、ガス事業者は、建物所有者（オーナー）との間で、非ガス設備の貸与契約を締結して、その設備費用を適正価格で回収するのであれば、契約がガス事業者の切替を制限するような内容でなければ（15の5、6）、過大な営業行為に当たらず問題ありません。

　なお、施行日前に締結されたガス契約については、ガス事業者の投下費用の回収を考慮して、消費者に消費設備費用（15の8）と非ガス設備の

設備費用（15の9）の負担を求めることができます（附則2条）。

Q 設備料金の算定方法は？

三部料金制での設備料金の算定方法はどのようにすればよいでしょうか。

A 客観的な根拠をもって説明できるようにする必要があります。

改正省令の設備費用の外出し表示（15の7）によって、設備料金を客観的な根拠をもって説明できるようにする必要があります。

設備料金の算定方法としては、企業の資産価値の算定方法として、一般的には減価償却資産の算定方法が使用されており、液石法も消費配管の解約時の精算金の計算方法として、減価償却資産の残存価額の計算方法を例示していますから（施行規則13条9号、通達13条関係4号）、減価償却資産の残存価額の計算方法を使用するのが適当と考えます。

4　LPガス料金の情報提供

Q　LPガス料金の情報提供とは？

賃貸住宅のＬＰガス料金の情報提供（１５の２）とは、どのようなことですか。

A　入居希望者が居室の賃貸借契約を締結する前にLPガス料金等の情報を入手できるようにします。

賃貸住宅の場合、入居者は、入居後は事実上ＬＰガス事業者を変更できないので、入居前にＬＰガス料金等の情報を入手できるようにしました。

具体的には、ガス事業者に対して入居希望者へのＬＰガス料金の事前提示の努力義務が課され、入居希望者に対して、直接またはオーナー、不動産管理会社、不動産仲介業者等を通じて料金表等を提示するように努めさせることにしました。これは、オーナー側の努力義務であって法的義務ではありませんが、入居希望者からガス事業者に対して情報提供の要請があった場合は、それに応じることは法的義務とされました。

5 現行契約(省令施行日前に締結された設備契約等)について

Q 施行日前の無償貸与契約への影響は?

改正省令の施行日前に締結された、ガス事業者と建物所有者または賃貸住宅のオーナーとの間の設備契約などで無償貸与を定めたものがあります。これら現状の契約はどのようにすべきですか。

A 施行日前に締結された無償貸与契約は、施行日後も有効です。しかし、三部料金制(15の7)の規律の施行によって契約内容の見直しが必要になる場合があります。

改正省令は、本来、建物所有者やオーナーが負担すべきガス設備や非ガス設備の費用が、無償貸与によって消費者のガス料金に転嫁され、その回収のために、ガス事業者の変更が制限され、消費者が不透明で高いガス料金を支払っている状況を是正するために、ガス事業者に対して過大な営業行為をすることを禁止しました(15の3から6)。しかし、これらの規定は、過大な営業行為を行わないことを規定したものなので、施行日後の行為についてのものであり、施行日前に行われた行為には適用されません。したがって、施行日前に締結された無償貸与契約は、施行日後もその契約内容にしたがって効力を生じます。

ただし、三部料金制(15号の7)は、施行日前のガス契約にも適用されるので、その施行後に、消費設備費用の外出し表示(15の7)によって、消費者の設備料金の対象設備や金額が不合理なものであることが判明した

場合は、無償貸与の設備や精算金を見直し、消費者の設備料金を修正する必要が出てきます。

パブリックコメントは、過去に行われた過大な利益供与行為が、消費者に不利益をもたらす可能性がある場合は、施行日前の利益供与行為であっても、見直していくことが望ましいとしています。

Q 無償配管前提の契約の今後は効力は？

無償配管を前提とした契約は、今後は効力がなくなりますか。

A 無償配管については、今回の改正法では言及はありません。

ワーキンググループの議論で、無償配管（貸付配管）は、戸建住宅の消費者とのトラブルの原因になっているとか、消費者のガス事業者の選択の機会を奪っているので、将来的には行わない方向が望ましいという意見が出ています。これに対して、液石法は、ガス事業者が所有する消費配管について、適正な計算方法による回収を認めており（施行規則１３条９号、通達１３条関係４号）、大多数の戸建住宅の切替において精算金が支払われているという実態があるので、貸付配管の精算を認めるべきであるという意見があり、結論は先送りとなりました。

無償配管の効力について、今回の改正法では言及はないので、無償配管の効力で争いが生じたときは、裁判で決着をつけることになります。

5 現行契約について

 現契約の「自動更新」後は？

　現状の契約では「自動更新」の規定があります。更新した後は、改正法が適用されるのですか。

 改正省令が適用されます。

　契約の自動更新とは、当初の契約期間が満了になったときに、自動的に次の契約期間の継続になる取り扱いをいいますが、当初の契約は契約期間の満了によって一旦終了していますから、施行日後に自動更新された場合は、改正省令が適用されます。施行日前に自動更新された契約が、施行日後に再び自動更新された場合も、更新契約は更新期間の満了によって一旦終了していますから、次の自動更新契約には改正省令が適用されます。

 現状の紹介料の約束は？

　不動産管理会社などと締結している「ＬＰガス顧客紹介料の覚書」はどうしたらよいでしょうか。

 金額により過大な営業行為（15の3から6）に当たる可能性があります。

　改正省令の施行後に行われたガス契約を獲得するための顧客紹介料の支払いは、金額によっては正常な商慣習を超えた利益供与（１５号の３、４）や、独占禁止法の不当な利益による顧客誘引（独禁法２条９項６号ハ、

不公正な取引方法9号）に当たる可能性があります。

　また、紹介料の支払いと引き換えにガス事業者の切替を抑止するような内容になっていれば、切替制限条件（15の5、6）や排他条件付取引（独禁法2条9項6号ニ、不公正な取引方法11号）に当たる可能性があります。

　しかし、違反行為となるかについては、金額のほかに取引の内容や影響等の様々な事情を考慮して判断することになるので、金額だけで基準を示すことはできず、事例の集積によって判断していくことになります。

6 新規契約（省令施行日後に締結された設備契約等）について

Q 新規契約の注意点は？

改正省令の施行日後に締結する設備契約は、どのようなことに注意する必要がありますか。

A 過大な利益供与（15の3、4）や、切替を制限するような内容（15の5、6）になっていないかの確認が必要です。

改正省令の施行によって、ガス契約を獲得するための過大な営業行為が制限されたことにより、正常な商慣習を超えた利益供与行為が禁止され（15号の3、4）、これに当たる行為として、ガス設備の無償貸与、非ガス設備の無償貸与、過大な謝礼金の支払いなどが考えられます。また、ガス事業者の切替制限条件付の契約締結等が禁止され（15号の5、6）、これに当たる行為として、ガス契約の解約時に高額の精算金や違約金を支払わせる契約などが考えられます。

しかし、過大な営業行為かどうかは一律に決まるものではなく、取引の内容、対象設備、金額、消費者の設備費用の負担の有無（15の9）などの諸事情を考慮して、個々の行為ごとに判断されます。

パブリックコメントでも、正常な商慣習の範囲内の利益供与は広く一般的に行われているので、利益供与行為を法令上「一切」禁止することは難しいと述べています。また、設備貸与契約の利益供与が過大な場合や、高

額な買取条項や高額の違約金規定が含まれていて、消費者に不利益をもたらしていたり、ガス事業者の選択を阻害している場合は規制対象となるが、それに該当しない設備貸与契約の締結は問題ないとも述べています。つまり、利益供与の行為ごとに違反行為に当たるかを判断することになります。

　ただし、改正省令によって、ガス設備を無償貸与し、消費者のガス料金や精算金から設備費用を回収するというこれまでの取引方法は、見直しを求められていますので、ガス事業者は、無償貸与による投下費用の回収ではなく、設備を設置した時点で、建物所有者との間で、売買もしくは有償貸与によって設備費用を回収することを検討してもよいと考えます。

　有償貸与について述べると、改正省令の消費設備費用と非ガス設備費用の負担禁止（１５の８、９）は、いずれも消費者のガス料金について適用される規定であり、これらの設備費用を建物所有者（オーナー）から回収することは本規定に当たりません。ですから、建物所有者（オーナー）との間で、消費設備と非ガス設備の賃貸借契約を締結し、これらの設備費用を適正な賃料で回収することは、建物所有者が本来負担すべき設備費用を負担するので、過大な利益供与行為（１５の３、４）には当たりません。したがって、その契約内容にガス事業者の切替制限条件（１５の５、６）がなければ問題はないと考えられます。

6 新規契約について

Q 不動産会社等からの要求があったら？

省令改正施行以降も、不動産会社・建築会社から引き続き、無償での配管やガス機器の提供を求められたらどうすればよいでしょうか。

A 過大な利益供与（15の3、4）に当たる可能性があるので、応じるべきではありません。

改正省令は、ガス事業者が建物所有者やオーナーに対して、ガス契約を獲得するために正常な商慣習を超えた利益供与をすることを禁止したので（15の3、4）、無償貸与や無償配管はその内容によっては、過大な利益供与に当たる可能性があり、不動産会社や建築会社の無償貸与や無償配管の要請には、応じない方がよいです。

また、このようなオーナーらの要求は、ガス事業者に対する優越的地位を利用して違反行為を強制する優越的地位の濫用（独禁法2条9項5号）に当たる可能性もあります。

資源エネルギー庁は不動産業者等のこうした行為を防ぐためにも「通報フォーム」の活用を呼び掛けています。

無償貸与を要求する不動産会社や建築会社に対しては、省令改正の趣旨を説明して断り、むしろ、これらの業者からオーナーに対して、ガス事業者との間で設備費用の支払いを協議してもらうべきです。設備費用は、本来、建物所有者やオーナーらが負担する費用であり、改正省令も、消費者のガス料金で、これらの費用を回収することを禁止していますが（15の8、9）、建物所有者らが回収することは、禁止しておらず、省令改正の趣旨からすれば、むしろそのようにすることが好ましいことですから、不動産会社等にはその方向に協力してもらうべきです。

Q 新規の無償貸与の契約の効力は？

賃貸オーナーとの関係上、改正省令施行後も無償貸与の契約を結ばねばならない場合、契約書に記載した場合の効力は無効となりますか。

A 過大な営業行為（15の3から6）に当たるかを判断する必要があります。

賃貸住宅の無償貸与については、ガス設備や非ガス設備の設備費用は、本来、建物所有者が負担すべきものであり、設備費用を消費者のガス料金に転嫁して消費者から回収することは、オーナーに対する正常な商慣習を超えた利益供与（15の3）あるいは、切替制限条件（15の5）に当たる可能性があります。

しかし、①違反行為の内容が利益供与や切替制限条件という抽象的な表現にとどまっていること、②正常な商慣習の範囲内の利益供与は、広く一般的に行われていることから、利益供与行為を「一切」禁止することは難しいこと（パブリックコメント）、③消費者によるガス事業者の選択が阻害されるのは、高額な違約金や高額な買取条項などの過大な条件の場合であって、それらの場合に該当しない設備貸与契約は問題ないとされていること（パブリックコメント）――などから、正常な商慣習を超えた利益供与や切替制限条件に当たる行為かどうかの判断は、取引の内容、対象設備と金額、契約終了時の精算方法、違約金規定の有無と金額、消費者の消費設備の費用負担の有無（15の9）などの諸事情を考慮して、判断する必要があります。

例えば、賃貸住宅の消費者との間で消費設備費用の負担の合意ができないのに（15の9本文）、オーナーに無償貸与することは、本来オーナー

が負担して家賃で回収すべき設備費用をガス事業者が負担することになるので、オーナーに対する正常な商慣習を超えた利益供与行為（15の3）に当たる可能性があります。

　これに対して、賃貸住宅の消費者との間で、消費設備の費用負担の合意がある場合は（15の9ただし書）、消費者から設備費用の回収ができるので、オーナーとの無償貸与契約は、過大な利益供与（15の3）に当たらない可能性があります。しかし、この場合も三部料金制による設備費用の外出し表示（15の7）によって明らかになった、消費者の設備料金の対象設備と金額が合理性を欠く場合には、無償貸与契約の修正とガス契約の見直しが必要になり、例えば、設備の一部をオーナーの費用負担にして、消費者の設備料金を減額するなどの対応が必要になる可能性があります。

Q　ガス器具の1円販売や安値販売の効力は？

　オーナーにガス器具を無償貸与せず、例えば1円や安価で販売した場合、過大な営業行為に当たりますか。

A　過大な営業行為（15の3、5）に当たる可能性があります。

　1円売買に限らず、安価売買も当事者の合意があれば有効です。

　しかし、オーナーに設備の所有権を譲渡してしまうのですから、無償貸与以上に利益を供与しており、過大な利益供与に当たらないと説明できることが必要です。例えば、会社がグループのスケールメリットを活かして、ガス器具を廉価で仕入れて、原価の5～10％程度の利幅で販売することは、

グループの経営力で低価格を実現できるというものなので、自由競争の範囲内であり、過大な利益供与（１５の３）には当たらないと考えます。

また、投下費用の回収をガス料金から行う場合は、消費者に対して、消費設備費用の負担を請求することは原則禁止ですから（１５の９本文）、消費者から個別合意をとっていること（１５の９ただし書き）、設備料金が適正価格であり、不合理な上乗せをしていないこと（１５の７、８）を説明できるようにしておく必要があります。

投下費用を消費者のガス料金から回収しないで、自らの利幅を圧縮するという自助努力でガスの供給を行うということもあり得ますが、企業が営業利益のない業務を行うことは通常考えられないので、「設備料金なし」と記載していても、実際は基本料金や従量料金で回収しているのではないかと言われないようにする必要があります。基本料金や従量料金の金額が、地域の標準料金や会社の公表料金と比較して高すぎ、設備費用を上乗せしているのではないかと言われないように説明できることが必要です。

また、このような安価売買は、他のガス事業者への影響の程度によっては、独禁法の不当廉売（独禁法２条９項３号、不公正な取引方法６号）や不当な利益による顧客誘引（独禁法２条９項６号ハ、不公正な取引方法９号）に当たる可能性があります。

6 新規契約について

Q オーナーへの容器設置料は?

集合住宅において、容器の設置場所の賃料等の名目でオーナーに月2〜3万円程度を支払うのは、過大な営業行為になりますか。

A 金額によります。

容器置き場の賃料名目で支払う金額が、容器の設置場所の地代相当額と見合っていれば過大な利益供与行為に当たりません。裁判例では、近隣の駐車場料金をもとに地代を算定しましたが、ボンベ置き場の設置面積は少ないので、月額数千円程度でした。月2、3万円の借地料が相当かどうかについては、近隣の駐車場料金を参考にしてそれと乖離していないことが重要です。乖離が大きすぎると、過大な利益供与(15の3)に当たる可能性があります。

Q 戸建での無償貸与の効力は?

戸建住宅のガス設備について、無償貸与契約を締結し、ガス料金で設備貸与料金を毎月請求し、お客様都合での解約時に、設備代の残存を毎月支払ってもらうことはできますか。

A 過大な営業行為の制限(15の4、6)に当たらないようにする必要があります。

戸建の場合は、建物所有者と消費者との取引なので、本来建物所有者

が負担する設置費用をガス料金の設備料金で負担してもらっても、消費者に不利益を与えることにはなりません。賃貸住宅の消費者に対する消費設備費用の負担の禁止（15の9）のような規定もないので、無償貸与契約を締結して、ガス料金で消費設備費用を回収することにしても、過大な利益供与（15の4）に当たらないと考えられます。ただし、非ガス設備費用については、消費者に負担を求めることはできないので（15の8）、建物所有者との間で、別途、非ガス設備費用の回収の取り決めをする必要があります。

　消費設備費用の負担禁止（15の9）も非ガス設備費用の負担禁止（15の8）も、消費者のガス料金からの回収を禁止するものであって、建物所有者（オーナー）から回収することを禁止したものではありません。したがって、建物所有者との間で消費設備と非ガス設備の両方の賃貸借契約を締結して、これらの設備費用を建物所有者から回収することにすれば、消費設備と非ガス設備費用を同時に回収することができます。それは、本来建物所有者が負担すべき設備費用を建物所有者から回収し、消費者にガス設備費用を負担させないのですから、過大な利益供与行為（15の4）に当たらないと考えられます。

　中途解約時には設備を買い取ってもらいますが、金額が、設備費用の残存金額として適正価格であり、ガス事業者の切替を制限するような内容になっていなければ、切替制限条件（15の6）に当たらないと考えられます。パブリックコメントでは、残存価格の買取について、消費設備にかかる配管であれ、ガス給湯器その他設備であれ、残存価格の買い取り特約が高額である等、消費者によるＬＰガス事業者選択を阻害しうる場合は、規制対象となるとしていますので、貸与設備の残存価格が適正価格であり、ガス事業者の切替を制限するような内容になっていなければ、切替制限条件（15の6）に当たらないと考えられます。

7　設備・機器の費用回収

Q　ガス料金以外の設備費用の回収方法は？

設備費用を回収する方法として、消費者の設備料金（１５の７）以外の方法はありますか。

A　売買、有償貸与（レンタル）、リースが考えられます。

　改正省令によって、ガス設備を無償貸与し、消費者のガス料金や精算金から設備費用を回収するというこれまでの取引方法は、見直しを求められていますので、ガス事業者は、無償貸与による投下費用の回収ではなく、設備を設置した時点で、建物所有者との間で、売買もしくは有償貸与によって設備費用を回収することを検討してもよいと考えます。

　売買は、消費設備の売買契約によって投下費用を回収する契約です。ガス会社が、自社割賦でガス設備の売買代金を分割で支払ってもらう場合は、支払回数、１回の支払金額などを当事者間の合意によって決めます。

　有償貸与（レンタル）は、ガス事業者が所有する消費設備について、オーナーから賃借料の支払いを受けて貸与する賃貸借契約であり、無償貸与に代わるものです。無償貸与が、オーナーに設置費用を負担させずに、消費者のガス料金から投下費用を回収していたことを批判されたのに対して、有償貸与は、オーナーから投下費用を回収し、オーナーは家賃から回収するという設備の費用負担に関する本来のあり方を行うものという見方ができます。改正省令の消費設備費用の負担禁止（１５の９）も、非ガス設備費

用の負担禁止（１５の８）も、いずれも消費者のガス料金から設備費用を回収することを禁止したものであり、建物所有者（オーナー）から回収することを禁止したものではありません。したがって、建物所有者（オーナー）との間で、消費設備と非ガス設備の賃貸借契約を締結して、設備費用を建物所有者（オーナー）から適正価格で回収することにすれば、消費者の設備料金の支払いはなく、消費者の不利益はないので、過大な利益供与行為（１５の３、４）に当たらず、契約が切替制限を制限する内容（１５の５、６）になっていなければ、問題ないと考えられます。

　リースは、ガス事業者が、建物所有者が必要とするガス設備を購入して、購入代金に営業利益を上乗せして、リース料として支払いを受ける金融取引です。リース契約が中途で終了しても、使用者は、残期間のリース料に相当する違約金の支払義務があります。

　よく混同されるレンタルとリースですが、物の使用という点では似ていますが、レンタルはあくまで物の使用価値を利用する取引であるのに対して、リースは金融取引です。大手のガス事業者であれば、系列にファイナンス会社があったり、外部のリース会社と提携して、ガス設備のリース契約が可能かもしれませんが、地域のガス事業者が金融取引をすることはあまり考えられないので、ガス設備のリースと言っても、実際は賃貸借（レンタル）のことが多いとみられます。

　なお、ガス事業者がオーナーと消費設備のリース契約を締結し、消費者に費用負担を請求することは禁止されますが（１５の９本文）、消費者がガス事業者と直接に設備のリース契約を締結することは、消費者自身が設置した設備費用の支払いなので、本規定に当たりません。

8　関連資料

本冊子読者ページ

ＬＰガス販売店のための法律Q＆A

「令和6年省令改正特設ページ」

https://ene-web.com/ho_qa/2024

ID：2024　　PASSWORD：kaiseiga

以下の、省令改正関連サイトへのリンクも設定しています。

　省令改正公布（資源エネルギー庁ニュースリリース）

　省令改正新旧対照表

　改正省令の概要

　液化石油ガス流通ワーキンググループ

　パブリックコメントに寄せられたご意見と考え方

　ＬＰガス商慣行通報フォーム

　知っておきたい「ＬＰガス」の商慣行

ISBN978-4-911323-01-4
C0034 ¥1000E

■ 編著者　略歴

松山　正一（まつやま・しょういち）

松山・野尻法律事務所所長。1954年生まれ。早稲田大学法学部卒。第二東京弁護士会所属。東証プライム市場上場エネルギー会社の顧問として、契約・債権回収等企業法務全般を中心に活動。編著「ＬＰガス販売店のための法律Ｑ＆Ａ　第６版」、著作「この一冊で『刑法』がわかる」（三笠書房）、監修「ＬＰガス販売店のための法律Ｑ＆Ａ」（初版～第５版）ほか。

ＬＰガス販売店のための　法律相談
省令改正について　2024年4月時点

編著　　松山　正一
編集　　株式会社 ノラ・コミュニケーションズ

定価 1,000円+税
2024年4月30日　　初版第1刷発行
2025年1月7日　　　第4刷発行
発行人　　中川　順一
発行所　　諏訪書房
　　　　　株式会社 ノラ・コミュニケーションズ
　　　　　〒169-0075　東京都新宿区高田馬場2-14-6　アライビル7階
　　　　　Tel：03-3204-9401　Fax：03-3204-9402
　　　　　e-mail：contact@noracomi.co.jp　URL：https://www.noracomi.co.jp

◎「令和6年省令改正特設ページ」https://ene-web.com/ho_qa/2024

Ⓒ NORA Communications Company Ltd. 2024, Printed in Japan
ISBN 978-4-911323-01-4 C0034

本書の無断複写・複製は、著者、出版者の権利侵害となります。